U0335334

傅　刚　杨立敏◎主编

文稿编撰/孔晓音

图片统筹/贾　丹

中国海洋大学出版社

·青岛·

致 谢

本书在编创过程中，国家海洋局赵觅、夏立民在图片方面给予了大力支持，陈傲、郝康绮绘制了部分图片，在此表示衷心的感谢！书中参考使用的部分图片，由于权源不详，无法与著作权人一一取得联系，未能及时支付稿酬，在此表示由衷的歉意。请相关著作权人与我社联系。

联 系 人：徐永成

联系电话：0086－532－82032643

E-mail: cbsbgs@ouc.edu.cn

图书在版编目（CIP）数据

图说壮美极地/傅刚，杨立敏主编.—青岛：中国海洋大学出版社，2013.3（2019.4重印）

（图说海洋科普丛书/吴德星总主编）

ISBN 978-7-5670-0224-1

Ⅰ.①图… Ⅱ.①傅…②杨… Ⅲ.①极地－儿童读物 Ⅳ.①P941.6−49

中国版本图书馆CIP数据核字（2013）第024063号

出版发行 中国海洋大学出版社

社　　址 青岛市香港东路23号　　**邮政编码** 266071

出 版 人 杨立敏

网　　址 http://www.ouc-press.com

电子信箱 yyf2829@msn.cn

订购电话 0532－82032573（传真）

责任编辑 杨亦飞　　**电　　话** 0532－85902533

印　　制 天津泰宇印务有限公司

版　　次 2013 年 4 月 第 1 版

印　　次 2019 年 4 月 第 2 次印刷

成品尺寸 185 mm×225 mm

印　　张 6

字　　数 105千

定　　价 24.00元

图说海洋科普丛书

启迪海洋兴趣　扬帆蓝色梦想

——出版者的话

是谁，在轻轻翻卷浪云?

是谁，在声声吹响螺号?

是谁，用指尖跳舞，跳起了“走近海洋”的圆舞曲?

是海洋，也是所有爱海洋的人。

走进蓝色大门，你的小脑瓜里一定装着不少稀奇古怪的问题——“抹香鲸比飞机还大吗?”“为什么海是蓝色的?”“深潜器是一种大鱼吗?”“大堡礁除了小丑鱼尼莫还有什么?”“北极熊为什么不能去南极企鹅那里做客?”

海洋爱着孩子，爱着装了一麻袋问号的你，它恨不得把自己的一切通通告诉

你，满足你所有的好奇心和求知欲。这次，你可以在“图说海洋科普丛书”斑斓的图片间、生动的文字里找寻海洋的影子。掀开浪云，千奇百怪的海洋生物在“嬉笑打闹”；捡起海螺，投向海洋，把你说给“海螺耳朵”的秘密送给海流。走，我们乘着“蛟龙”号去见见深海精灵；来，我们去马尔代夫住住令人向往的水上屋。哦，差点忘了用冰雪当毯子的南、北极，那里属于不怕冷的勇士。

海洋就是母亲，是伙伴，是乐园，就是画，是歌，是梦……

你爱上海洋了吗？

前言

当你打开这本小书，图画和文字一起画出的一艘轮船出现在你眼前，这就是“极地”号。

“轰隆隆……”听！“极地”号要起航了，它将向神秘的极地驶去。勇敢的孩子，快快跳上甲板，让我们一起去畅游极地吧！

极地“秘密”说不完：五彩缤纷又会跳舞的极光，总也过不完的极昼和极夜，滴水成冰的气温，能卷走一切的暴风雪，危险的冰缝……

极地“杰作”了不起：厚重的冰盖，高大的冰山，挤满海面的海冰。在一片白色中，北极苔原带像极了彩色的涂鸦……

极地“居民”真神奇：彬彬有礼的“绅士”、凶残可怕的“海盗”、贼头贼脑的“飞贼”、威风的“霸主”、温驯可靠的“车夫”……

“轰隆隆……”坚固的“极地”号冲破海冰，带我们驶入极地。极地风光越来越迷人，而你打开这本小书的动作也越来越熟练，“哗啦啦……”亲爱的孩子，当你在欣赏极地风景、探寻极地奥秘时，相信，一颗信念的种子已经在你的心田悄悄发芽：保护神奇的极地，关爱美丽的地球！

目录

mulu

到极地去

在地球的南、北两端，各有一个神秘的“冰雪王国”——南极和北极。到极地去，去探索那些你想象不到的秘密！

极地地盘

好神秘的极圈

你或许非常喜欢孙悟空用金箍棒画出的神奇圆圈吧。在我们美丽的地球上，也有两个神奇的“圆圈”，走，让我们瞧瞧去！

北极

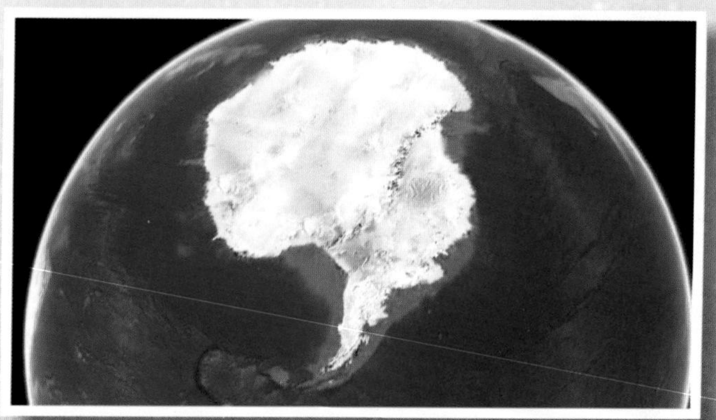

南极

走入极圈

笨拙可爱的企鹅是南极圈里最古老的“居民”。

北极圈里很早就有人类的身影了，8个国家的领土伸入北极圈，这里拥有许多美丽的城镇。

极圈里的秘密

幻美极光

离奇幻日

极圈的邀请

除了上面这些，我还有好多宝贝没有展示。快到我的地盘来吧，我有许多秘密要和你分享。

可爱海豹

好难找的极点

在地球仪上，找到地轴和地球外表相交的地方，你将会在地球的南、北两端各发现一个点，这就是南极点和北极点，你找到了吗?

极点探秘

在地球仪上找到极点一点儿也不难，但寻找真实的极点却困难多多，有狂风巨浪和冰雪挡路，还有许多你想不到的危险忽然“跳”出来。

极点有话说

怎么样，怕了吧！想要找到我可不是那么容易的。不过呀，还是有勇敢的人找到了我，他们是了不起的英雄好汉。

第一个到达北极点的人——美国探险家罗伯特·埃德温·皮尔里（1909年）

第一个踏上南极点的人——挪威探险家罗尔德·阿蒙森（1911年）

第二个踏上南极点的人——英国探险家罗伯特·法尔肯·斯科特（1912年）

极点的小秘密

只有一个方向

走在马路上，你是不是会为分不清东西南北而发愁呢？站在极点上，你完全不用担心方向，因为南极点上只有北方，北极点上只有南方。

1957年美国建立的南极点标志

2010年中国测定的北极点

覆盖在极点的冰雪一点儿也不老实，南极点上的冰雪每年要移动10米，北极点上的冰雪更不用说了，整天跟着北冰洋的海冰转圈圈。

极地“性格”

寒——好低的极地气温

钢铁会被冻得像玻璃一样脆，水落地时会变成碎冰片。这么低的温度哪里找？当然是在极地啦！

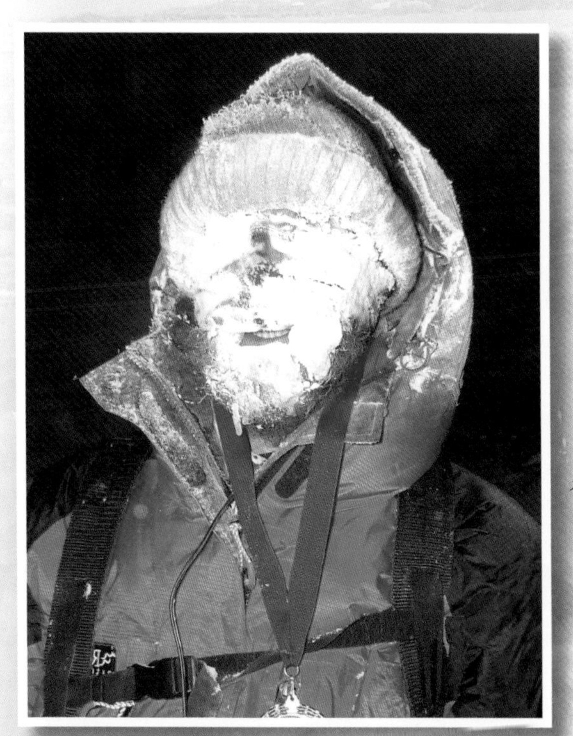

感受极地气温

极地真是地球的“大冰箱”，生活在这么冷的地方是什么感觉呢？

极地有多冷，从北极马拉松比赛的参赛者脸上，感受一下-36 ℃吧。

险——好可怕的暴风雪和冰缝

暴风雪的威力

“呼呼呼……”暴风雪来啦！狂风一边吼叫，一边卷起冰雪沙石“轰隆隆”滚动，天地乱成一团，什么也看不清了。极地暴风雪真像一头可怕的怪兽。

1960 年 10 月，日本昭和科学考察站的福岛博士走出站外喂狗。

突然，一阵暴风雪袭来，福岛博士被卷走了。

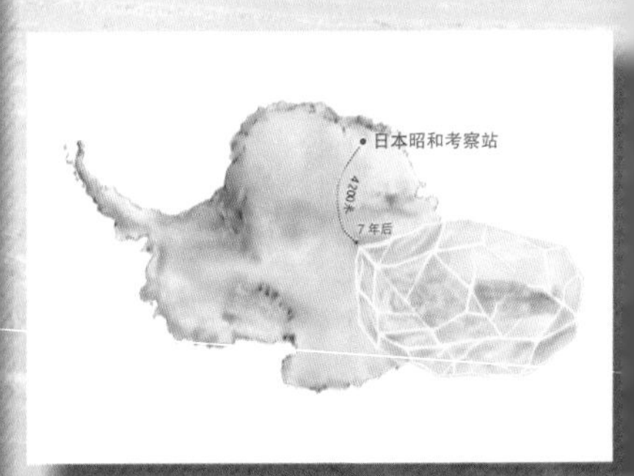

7 年后，人们在距站点 4 200 米远的地方发现了他完好无损的遗体。

冰缝陷阱

冰雪像一块白白厚厚的毯子，这块看似安全的毯子下藏着许多可怕的陷阱——冰缝。在冰面上走，一不小心，就会掉进冰缝的“嘴巴”。

隐形杀手

雪盆大口

不起眼的小小冰缝可能深达几百米

奇——好长的极昼和极夜

什么是极昼和极夜

你能想象这样的情景吗？一天的24小时全是白天，或者全是黑夜。也许这有些不可思议，但在极地，这是再平常不过的事情。

太阳总也不会降落的白天——极昼

太阳迟迟不肯升起的黑夜——极夜

当极昼或极夜发生时……

极圈到极点之间，越靠近极点，极昼或极夜的时间长度越接近半年；越靠近极圈，极昼或极夜的时间长度越接近一天。

极夜时的景色

极昼时的景色

美——好漂亮的极光

极光在"跳舞"

极夜降临了，美丽的极光好像会跳舞的彩虹，在极地的夜幕下轻轻跳动，五颜六色的光芒照亮了洁白的冰雪，极地像极了童话王国。

极光从哪儿来

从前，有人说极光是北极狐的皮毛在发光，有人说极光是战神的盾牌在闪耀。事实上，极光是太阳带电粒子与南、北极高空大气分子碰撞出的灿烂光芒。

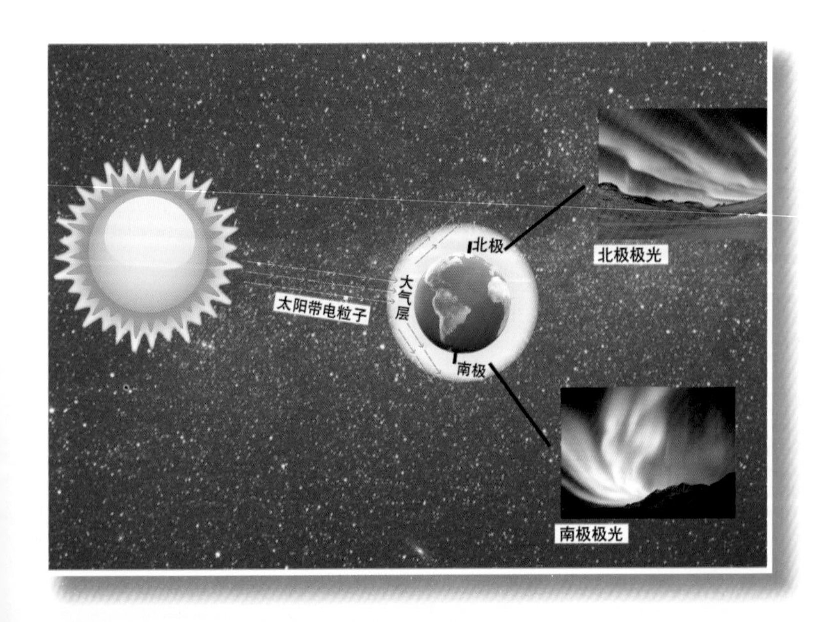

极光最爱极地

极光最爱在极地"跳舞"，不是极光偏心，而是极地"吸引力"大。地球是一个大磁铁，极地的磁性最强，太阳带电粒子就被吸引到极地的怀抱了。

拜访南极

洁白的冰雪是它永恒的“皮肤”，成群的企鹅在冰雪上自由追逐，这里有吸引探索者的神奇美图，这里是地球上最自由的“国度”。还等什么，快快和我们一起去拜访南极吧！

南极的模样

白白的冰雪

多亏了冰雪的打扮，南极的“脸蛋”白又白。走近南极瞧一瞧，冰雪的名字一样吗？

冰盖

南极的大陆上盖着一块又厚又大的冰雪，它就是南极响当当的“冰雪老大”——冰盖。

冰盖的面积为1 398万平方千米，几乎盖住了南极的整个身子。

冰盖的体积为2 450万立方千米，是地球上最大的淡水宝库。

冰盖的最厚处达 4 200 米，有 1 400 多层楼房那么高。

冰架

在冰盖边上，有些巨大的冰体伸入海中，这些冰体又是什么呢？告诉你吧，它们是南极冰雪中个头排行第二的冰架。

冰架的平均厚度为 475 米

冰架的总面积为 140 万平方千米

冰架的表面平坦，能建机场。

“轰隆”一声，冰架断裂啦！这是它百玩不厌的“减肥游戏”。当心，冰架断裂太快可不是好事，不幸的拉森冰架为此消失了大半。

冰山

下面点到谁的名字了？原来是大名鼎鼎的冰山。冰架断裂落到海里，一些巨大的冰块就成了冰山。

成群结队的冰山

随水漂移的冰山

千姿百态的冰山

海冰

不知不觉中，气温突降，海面冷极了，海冰就在南极洲周围的南大洋中悄悄集结起来。没多久，南大洋就成了海冰的天下。

冬季海冰多，面积达 2 000 万平方千米。

夏季海冰少，四处漂泊。

海冰是船只航行的“绊脚石”，海冰中间有没被冻住的地方（冰间湖）。以前，一只俄罗斯船不小心进入冰间湖，结果被冻在里面100多天，寸步难行。

海冰下面是冰藻的家，冰藻吸引了磷虾，磷虾又引来了企鹅……海豹干脆在海冰上面生儿育女。瞧瞧，海冰算不算是南极生物的温床呀！

不“绿”的“绿洲”

在沙漠中，有清清的水、绿绿的草，这样的地方叫绿洲。可是，南极的绿洲一点儿也不绿！这是怎么回事?

干巴巴的峡谷

没有盖着冰雪的峡谷，看上去干巴巴、光秃秃的，好像一张张渴极了的大嘴巴。

空气干燥的峡谷

地形奇怪的峡谷

生命稀少的峡谷

热腾腾的火山

在冷冷的南极冰雪中，遍布着热腾腾的火山，像用来烤火的炉子。其中最著名的两座活火山分别是埃里伯斯火山和欺骗岛火山。

南极最大的活火山——埃里伯斯火山
高 3 795 米，有一个活动的喷火口，里面熔岩翻滚，热气不断冒出来。

有个性的湖泊

南极的湖泊像珍珠一样美丽，有的湖泊在-70 ℃也不会结冰，有的湖泊表面结着冰，湖底温度却高达25 ℃，果然个性十足。

“高个子”山峰

山峰也是南极绿洲重要的成员，它们在寒冷的南极挺立着，像一个个冻不倒的巨人！

在无边无际的白色冰雪中看到峡谷、火山、湖泊和山峰，你心里是不是感到一点点亲切和温暖呢？科学家也是这样想的，于是呀，他们把这些没被冰雪盖住的地方叫做绿洲。

南极的主人

南极又冷又险，谁愿意在这里生活啊。可是有一群不怕冷的动物，它们是南极真正的主人。

南极“绅士”——帝企鹅

说到企鹅，你肯定认识，这个看上去有几分笨拙、走起路来摇摇摆摆的家伙十分惹人喜爱。生活在南极的企鹅中，最高、最大的当属帝企鹅了。

“绅士”的长相

“绅士”的生活镜头

经常发呆，好像在企盼什么。

迈着小步走路，真是彬彬有礼。

能潜入450多米深的水中，闭气45分钟，人送外号“有羽毛的鱼”。

企鹅妈妈一次只生一个蛋，企鹅爸爸不吃不喝站立60多天把小企鹅孵出来。

“绅士”的故事

爸爸、妈妈出门时，企鹅宝宝就被送进有企鹅“阿姨”照顾的“幼儿园”。小企鹅在这里玩耍、游戏，度过了许多快乐的时光。

芒博是一只会跳舞的帝企鹅，它勇敢、善良，和小伙伴们一起挽救了整个家族的命运。快去看看电影《快乐的大脚》吧！

企鹅的家族

优雅的“国王”——王企鹅

南极分布最广、数量最多的“绅士”——阿德利企鹅

神气的白眉“绅士”——金图企鹅

雄赳（jiū）赳的“警察”——帽带企鹅

南极“海盗”—— 豹海豹

什么？！南极也有“海盗”，这是真的吗？你的眼前是不是出现了一个长着大胡子，瞎了一只眼睛，说不定还断了一条腿的家伙。实话告诉你吧，我们要认识的南极“海盗”就是它 —— 豹海豹。

看似温顺的豹海豹

看上去温顺极了，豹海豹怎么能是“海盗”呢？别着急，它马上就现出原形了！

原来是凶残的“海盗”

豹海豹有许多伤人记录。南极科考人员就曾受到它的袭击。

豹海豹很会突然袭击，让企鹅防不胜防。

还有其他海豹吗?

南极海豹知多少

南极有 5 种海豹，数量惊人，有 3 200 万头呢！海豹家族在南极是仅次于企鹅的第二大家族。

威德尔海豹

罗斯海豹

锯齿海豹

象海豹

南极“飞贼”——贼鸥

“海盗”刚刚走开，“飞贼”就来了！南极真是不得安宁。这“飞贼”还有一个与自己品德很般配的名字——贼鸥。

我贼头贼脑吗?

“飞贼”的恶行

袭击科考人员

偷企鹅的蛋

又懒又贪吃，自己的家破破的，就爱去抢占别人的巢穴。

同伴之间经常打斗，一点儿也不团结。

南极“粮食”——磷虾

下面出场的这个小家伙有点“无辜”，它长得很精致、可爱，是南极动物们的宝贵粮食。

放大了看

奇妙的小磷虾

热爱集体

磷虾喜欢成群结队，队伍中的每只磷虾头都朝着同一个方向，“突突突”一只轮船驶过，冲散了虾群，不一会儿，它们又聚在一起，队形不变哦！

先下后上

磷虾的生长很奇妙，磷虾在海中排出一粒粒卵，卵开始下沉，沉啊沉，幼体从卵里出来，幼体开始向上爬，爬啊爬，爬到海面，磷虾一天天长大啦。

宝贵的粮食

磷虾是个宝，体内富含高蛋白，还有钙、磷、钾、钠等多种元素。南极有50多亿吨的磷虾，简直就是个大宝库啊！

改变命运

南极有个食物链，简单来说，海豹吃企鹅，贼鸥吃小企鹅，而瘦小的磷虾被所有比它们大的食肉动物吃。有两只磷虾想要改变命运，幻想去捕猎海豹和企鹅，它们是谁？它们就是电影《快乐的大脚2》中的威尔和比尔。

看，南极科考！

好大的科考船

想要去南极考察，那就需要一艘像样的科考船，一艘像中国“雪龙”号那么神气威武，那么坚固，而且不怕危险的科考船！

中国“雪龙”号

了不起的“雪龙”号

“雪龙”号非常大，上面有实验室、图书馆、健身房等。“雪龙”号不怕冷，不怕冻，还能冲破茫茫的海冰，它已经进行了多次南、北极科考，带回了许多珍贵的南、北极资料。

雪国里的考察站

光有科考船还不行，想要在南极进行长期考察，还需要建立固定的大房子，大房子要能保暖抗寒，抵挡可怕的暴风雪。这些大房子就是科学考察站。

形形色色的科考站

中山站：1989 年建，中国第二个南极科考站。

昆仑站：2009 年建，中国第一个南极内陆科考站。

比利时科学考察站

美国阿蒙森-斯科特考察站

长城站：1985年建，中国第一个南极科考站。

英国科学考察站

南非科学考察站

德国科学考察站

南极科考考察什么？

南极科考项目多，比如考察一下冰盖、冰架啦，顺便也研究一下气温、极光，当然还有可爱的动物们。

科考人员在干什么？原来是在找陨石。南极是地球上陨石最多的地方。我国科考队在南极已经找到了1万多颗陨石。

龍
LONG

走，到南极旅游去！

好消息，南极旅游专线开通啦！你没有看错，只要你有足够的钱支付旅费，当然你还得不怕冷，那就可以去南极旅游了！

走近南极动物

体验南极滑雪

做客北极

北极有什么？它有冰雪做“面纱”，它有海洋当“摇篮”，它还有五彩缤纷的生物当“画家”，寒冷的北极真热闹。快瞧，心急的北极熊出场了。现在，就让我们去北极做客吧！

北极的容貌

白色的海洋

冰雪遮住了北冰洋的面孔，这个原本蓝色的海洋摇身一变，就成了白色的海洋啦！

北冰洋上结着厚厚的海冰，尤其是冬天，3 米厚的海冰到处都是，最厚的海冰有 6 米，更不用说那些坚固笨重的大冰山了。

北极海冰脸盘大：霸占北冰洋。

北极海冰承受力大：可以在上面开大货车、停飞机。

北极海冰年龄大：已有300万岁。

北极海冰爱运动：漂移、断裂、融化。

银色的岛屿

北极岛屿众多，其中最大的是格陵兰岛，洁白的冰雪为它穿上了银色的袍子，让它看起来银光闪闪！

格陵兰岛——世界第一大岛，217.5 万平方千米，是北极动物和植物的乐园。

冰层盖住格陵兰岛的大半个身子

脱去白袍的俏丽岛屿

幢幢房屋

厚厚冰层

彩色的苔原

如果你已经厌倦了单调的白色，那就给你点“颜色”看看吧。在北冰洋周围的岛屿和陆地上，有一块块美丽的彩色地带——北极苔原带。

总面积约为1 300万平方千米的北极苔原带

矮小的苔藓和900 多种开花植物，为北极“穿上”好看的彩衣。

北极的“居民”

生活在北极的动物多又多，让人有点眼花缭乱！这些动物是北极的长久“居民”，它们很久以前就定居北极，为这片冰天雪地带来了许许多多故事。

北极“霸主”—— 北极熊

北极王国里谁最厉害？那还用问，肯定是北极熊了。这个毛绒绒的大家伙有时在冰面上行走，有时在海水中游泳，一举一动都带着威风。

威风的“霸主”

高大威猛，力大无穷！我是世界上最大的陆地食肉动物，也是北极的“霸主”。

称霸北极的“法宝”

性格凶猛

捕猎高手

游泳健将

行动敏捷

奇特的冬眠

冬天来临，北极熊要美美地睡上一觉了。但是只要身边稍有动静它就会警醒。这种奇特的冬眠叫做“局部冬眠”。大概就是半睡半醒吧。

“霸主”的家事

北极熊喜欢独居，小北极熊跟着妈妈长到两三岁就要独立生活了。从母子相依的瞬间，我们才能看到北极“霸主”的一点温柔。

“霸主”也需被保护

为什么冰雪融化得这么快？谁破坏了我的家园？谁来帮帮我？

说我的皮毛珍贵，我的肉味道鲜美，就大量捕杀我，这是不公平的！

我们北极熊还能存在多久？

北极“飞侠”—— 燕鸥

哪种动物既能在北极生活，又能在南极生活呢？它就是最让人敬佩的海鸟——燕鸥。

俊俏的燕鸥

我不过是一只瘦小如燕的小鸟，为什么会让人敬佩呢？

了不起的“飞侠”

燕鸥也不是好惹的，如果谁要打它的主意，那可要当心啦。北极熊有时候也不是它的对手呢。

北极的冬天来啦。燕鸥展开翅膀向南极飞去。享受完南极的夏天，燕鸥便飞回北极生宝宝了。燕鸥每年要往返两极一次，飞行4万多千米，是一位了不起的“飞侠”！

北极“勇士”——旅鼠

这个不起眼的小老鼠，是北极的一大亮点！别看人家个头小，身上的谜可真不少。

小巧的“毛线团”

一生气就变色！危急时刻，旅鼠易怒，毛会变成橘红色。

别看我个头小，我们的族群很大。

旅鼠跳海之谜

有这样一个传说：数百万只旅鼠不吃不睡，翻山越岭，勇往直前，来到大海边。它们一点儿也不害怕，“扑通扑通”就往海里跳，直到全部葬身大海。

北极“精灵”—— 北极狐

狐狸给人的印象总是狡猾又奸诈。下面这只狐狸怎么样呢?

有灵气的“精灵”

我既然有着“精灵”的美名，本领可想而知。

“精灵”本领多

会捕食：北极狐发现猎物时，先扑后按，将猎物制服。也会挖开猎物的洞穴。

脚力好：北极狐能一天走 90 千米，一走就是好几天，冬天时，它搬家到 600 千米外，夏天来临再回来。

能导航：北极狐能够自己导航，因此，从来不会迷失方向。

北极“车夫”——驯鹿

还记得圣诞老人的“车夫”吗？那些长着美丽大角的驯鹿，看上去高大又健壮，让人忍不住想骑着它在北极自由奔跑。

温驯的“车夫”

“车夫”远行

边走边换衣服

在远行途中，驯鹿会脱下厚厚的“冬衣”，长出薄薄的“夏装”。

春天一到，驯鹿们就集体迁徙到更北的地方去。

北极“牙仙”—— 海象

大海象来得有点晚，不过它一点儿也不着急，在冰面上慢慢挪动着进入了我们的镜头。

大白牙用处多！
挖掘食物的“铲子”；
保护自己的“武器”；
帮助走路的“拐杖”。

“牙仙”露一手

我会潜水：我能在水下500米游上20分钟，也曾深入到1500米，比人类的潜艇还厉害！

分工与合作：别以为我们都睡着了，没看见有一个醒着的哨兵嘛，有敌人前来，它会立刻叫醒我们，大家共同作战

值得尊敬的因纽特人

天寒地冻的北极，居住着这样一群人：他们不怕冷不怕冻，冰雪做房屋，海洋为农田，他们就是因纽特人。

穿什么样的衣服？

为了保暖，驯鹿皮、北极熊皮、北极狐皮、海豹皮等，都被因纽特人拿来缝制衣服了。这样一层又一层地穿上，他们就不怕冻了。

住什么样的房子？

北极没有砖，没有瓦，怎样才能盖上一间暖和的屋子呢？这难不倒因纽特人，他们用冰雪当材料，建起了一座座馒头形的雪屋子，里面十分暖和。

在冰面上，狗拉雪橇是因纽特人的“专车”。

想要出门怎么办？

在海面上，皮划艇是最方便的交通工具！皮划艇用海豹皮或海象皮包住，又轻快又防水。

吃什么活下来？

为了生活下去，鱼、海豹、海象、鲸、北极熊、驯鹿……统统都是因纽特人的食物。

因纽特人的捕猎工具很简陋，但他们靠着勇敢和顽强的精神，在北极世世代代生存下来！

北极科考知多少

科考基地连成片

这个有石狮子看门的红房子就是中国第一个北极科考站——黄河站，建于2004年。黄河站为中国的北极科考立下了汗马功劳。

挪威小镇新奥尔松建有邮局、酒吧，最重要的是建有10个国家的科学考察站，因此，有了“北极科学城”的称号。

科考设备真奇怪

红气球

这是GPS探空气球，放飞之后，它就可以观测北极上空的温度、湿度、风速、风向了。中国第四次北极考察放飞了60多个红气球。

科学家真忙活

测量一下海水温度

研究一下这块浮冰

想到北极看一看

到北极看什么？看冰雪，看动物，这未免太单调了。北极还有一份你不得不看的热闹景色呢！

热闹的北极

童话村落——圣诞老人村

看一看亲切的圣诞老人

买一堆带有童话色彩的礼物

芬兰圣诞老人村

驯鹿拉的雪橇一定要坐一坐

最重要的是给朋友们写封信炫耀一下，再盖上圣诞老人邮局的邮戳，多么神气。

闪亮的城市

极地“首都”——摩尔曼斯克

摩尔曼斯克是世界上最北、最大的城市，它是北冰洋的重要港口，也是北极科研基地，这里的夜景很迷人。

人间仙境——努克

努克是格陵兰岛的首府，是格陵兰岛上最大的港口城市。高山，白雪，还有彩色的房屋，这里真是个仙境。

零散的小风景

世界最北的大学——斯瓦尔巴德大学

它就在挪威朗伊尔城，新生开学第一课便是野外生存训练。没有办法，因为它拥有世界上最大的实验室——北极！想要做实验的话，就得先学会生存的本领。

补充一点：在北极观看极光比南极方便多了，坐在温暖的屋子里，一边烤着火，一边欣赏极光，实在太妙了。

不容错过的狗拉雪橇大赛

挪威等国家每年都会举行狗拉雪橇大赛。发令枪一响，狗狗们争先恐后，在雪地上奔驰，为北极呈现一个热火朝天的比赛场景。